AF494600

LES CHEVAUX DE SOMME.

Imprimerie de F. A. Brockhaus à Leipzig.

LES CHÈVRES DANS LES ALPES.

Imprimerie de F. A. Brockhaus à Leipzig.

UN LAC DANS LE[illegible]

DANS LES ALPE

UN LAC DANS LES ALPES.

Imprimerie de F. A. Brockhaus à Leipzig.

LIEVRES DES [illegible]

LIÈVRES DES ALPES.

p. 423

Imprimerie de F. A. Brockhaus à Leipzig.

CHIEN DU ST. BERNARD.

Imprimerie de F. A. Brockhaus à Leipzig.

MOUTONS DE BERGAME

CHIEN DU ST. BERNARD

Imprimerie de F. A. Brockhaus à Leipzig

MOUTONS DE BERGAME.

Imprimerie de F. A. Brockhaus à Leipzig.

L'OURS.

Imprimerie de F. A. Brockhaus à Leipzig.

LE HIBOU ET LE CHAT SAUVAGE.

LE HIBOU ET LE CHAT SAUVAGE.

p. 247

Imprimerie de F. A. Brockhaus à Leipzig.

LES CHAMOIS.

LES CHAMOIS.

Imprimerie de F. A. Brockhaus à Leipzig.

LES BARTAVELLES.

Imprimerie de F. A. Brockhaus, à Leipzig.

GROUPE DE PINS [illegible]

GROUPE DE PINS AROLE.

Imprimerie de F. A. Brockhaus à Leipzig.

LE GYPAÈTE BARBU.

Imprimerie de F. A. Brockhaus à Leipzig.

TETRAS A QUE[illegible]

[illegible] GYPAETE [illegible]

LE TETRAS A QUEUE FOURCHUE.

Imprimerie de F. A. Brockhaus à Leipzig.

L'ACCENTEUR ET LE TICHODROME.

Imprimerie de F. A. Brockhaus à Leipzig.

TROUPEAU EFFRAYÉ PAR L'ORAGE.

MONSIEUR ET LE T[illegible]

TROUPEAU EFFRAYÉ PAR L'ORAGE.

Imprimerie de F. A. Brockhaus à Leipzig.

PINÇONS DE NEIGE ET LAYOPÈDES.

p. 607

Imprimerie de F. A. Brockhaus à Leipzig.

LE BOUQUETIN

LE BOUQUETIN.

Imprimerie de F. A. Brockhaus à Leipzig.

L'AIGLE ROYAL.

Imprimerie de F. A. Brockhaus à Leipzig.

AIGLE ROYAL

GROUPE D'ÉRABLES.

Imprimerie de F. A. Brockhaus à Leipzig.

Imprimerie de F. A. Brockhaus à Leipzig.

LES LYNX.

Imprimerie de F. A. Brockhaus à Leipzig.

LES MARMOTTES.

Imprimerie de F. A. Brockhaus à Leipzig.

LES MARMOTTES.

Imprimerie de F. A. Brockhaus à Leipzig.

www.ingramcontent.com/pod-product-compliance
Ingram Content Group UK Ltd.
Pitfield, Milton Keynes, MK11 3LW, UK
UKHW020409180726
13839UKWH00003B/1281